Sridhar Nomula

# Gráfico de conhecimentos para o motor de decisão

Sridhar Nomula

# Gráfico de conhecimentos para o motor de decisão

ScienciaScripts

**Imprint**
Any brand names and product names mentioned in this book are subject to trademark, brand or patent protection and are trademarks or registered trademarks of their respective holders. The use of brand names, product names, common names, trade names, product descriptions etc. even without a particular marking in this work is in no way to be construed to mean that such names may be regarded as unrestricted in respect of trademark and brand protection legislation and could thus be used by anyone.

Cover image: www.ingimage.com

This book is a translation from the original published under ISBN 978-620-7-48886-5.

Publisher:
Sciencia Scripts
is a trademark of
Dodo Books Indian Ocean Ltd. and OmniScriptum S.R.L publishing group

120 High Road, East Finchley, London, N2 9ED, United Kingdom
Str. Armeneasca 28/1, office 1, Chisinau MD-2012, Republic of Moldova, Europe
Printed at: see last page
**ISBN: 978-620-7-69608-6**

# Índice

# DEDICAÇÃO

Aos meus familiares, amigos e colegas, pelo seu apoio sem fim.

# AGRADECIMENTOS

Tenho o prazer de estender a minha sincera gratidão a todas as pessoas que acreditaram em mim e ajudaram a dar vida ao mestrado. Estou profundamente grato ao meu supervisor, Dr. Hemant Kumar Soni, Professor Associado da Amity University Madhya Pradesh, pela sua paciência, assistência inestimável, apoio contínuo e orientação ao longo de cada etapa desta investigação. Sem o seu apoio ilimitado, não seria capaz de concluir este trabalho de investigação, uma vez que não tinha qualquer experiência prévia na matéria. Gostaria de aproveitar esta oportunidade para expressar o meu apreço pelo seu apoio infinito, que me ajudou a enfrentar os desafios com mais sucesso. Gostaria de manifestar a minha sincera gratidão a outro supervisor, o Dr. Ahmed Kaky, da Faculdade de Engenharia e Tecnologia, que me ajudou imenso. Sem a sua ajuda, a parte da implementação não teria sido bem sucedida. Muhammad Ehsan Rana, Professor Associado da Universidade de Tecnologia e Inovação da Ásia-Pacífico (APU), pelo tempo precioso que dedicou à minha investigação e por ter fornecido informações fundamentalmente importantes que contribuíram para a realização desta investigação. Um agradecimento especial a todo o pessoal e técnicos do Departamento de Informática e Matemática da LJMU pela sua assistência e orientação. Gostaria também de agradecer à Liverpool John Moores University por me ter oferecido o Mestrado em Informática.

Um caloroso apreço e agradecimento à minha família pelo seu apoio, paciência e compreensão ao longo desta jornada. Em especial, a minha mãe, Sra. Kalavathi Nomula, e a minha mulher, Sra. Mounika Nomula, pelo seu apoio e conselhos em momentos difíceis durante este projeto de investigação de mestrado. Os meus sinceros agradecimentos aos meus maravilhosos irmãos Srikanth e Ram prasad pela sua ajuda e paciência contínuas e, mais importante ainda, por se ocuparem das minhas responsabilidades adicionais, o que me deu mais tempo para trabalhar neste mestrado. Por último, aos meus amigos Raghav, Ashrith, Ankit, Brahma e Raju, pelo seu constante encorajamento e apoio e por me terem mantido firme nos últimos meses.

# RESUMO

Com o advento das tecnologias de Big Data, os dados relativos aos cuidados de saúde são capturados e armazenados em vários níveis de granularidade e em vários formatos. No domínio dos cuidados de saúde, os hospitais, os produtos farmacêuticos e as companhias de seguros dispõem de uma enorme quantidade de dados em tabelas estruturadas. No entanto, quantidades significativas de grandes volumes de dados continuam a ser subutilizadas devido ao isolamento, à distribuição e à heterogeneidade dos dados. Apesar de os dados tabulares interligados estarem de alguma forma ligados entre si para a entrada de ML, os desafios são o aumento da dimensionalidade, a normalização de dados que não são uma representação natural, a repetição de dados na fusão de diferentes dados agregados entre tabelas. Os modelos de aprendizagem automática pressupõem que as observações não são dependentes, mas a informação do mundo real está interligada.

Os gráficos de conhecimento e a aprendizagem automática são duas ferramentas importantes para compreender e modelar conceitos complexos, enquanto a aprendizagem automática é um processo através do qual os computadores aprendem a partir de dados, sem serem explicitamente programados. Juntas, estas duas ferramentas podem ser utilizadas para tomar melhores decisões no mundo dos negócios, compreendendo a inter-relação entre os exemplos.

Este estudo revela a importância da representação do conhecimento que traz o contexto para os dados, ou seja, as inter-relações entre os pontos de dados. Experimentámos uma nova tecnologia de grafos que inclui um modelo de conhecimento personalizado e construímos os modelos de redes neurais de grafos heterogéneos (HGT) para a previsão da relação médico-paciente. As medidas de centralidade de grau orientadas para o médico conduziram a segmentação. Obtenção de uma melhor compreensão dos prestadores de cuidados de saúde dinâmicos para os direcionar com grande precisão e explicabilidade visual com diagramas de rede.

**Palavras-chave**: PyG, Knowledge graph, Heterogeneous Graph Neural Networks, Operações comerciais, Medicina de precisão, Doenças cardiovasculares, Ontologias.

## LISTA DE ABREVIATURAS

| | |
|---|---|
| ACC | American College of Cardiology |
| ACE | Angiotensin-converting-enzyme |
| AHA | American Heart Association |
| AI | Artificial Intelligence |
| ARB | Angiotensin receptor blockers |
| ARNI | Angiotensin receptor neprilysin inhibitor |
| CMS | Center for Medicaid and Medicare Services |
| CNN | Convolutional Neural Networks |
| CV | cardiovascular |
| CVD | Cardiovascular Disease |
| DB | Database |
| EDA | Exploratory Data Analysis |
| EF | ejection fraction |
| ETL | Extract transform Load |
| GCN | Graph convolution Neural network |
| GNN | Graph Neural Network |
| HAN | Heterogenous Graph Attention Operator |
| HCP | Health care professionals |
| HEAT | Heterogeneous Edge-Enhanced Graph Attentional Operator |
| HF | Heart Failure |
| HF | heart failure |
| HGT | Hetrogenious Graph Trasformer |
| KG | Knowledge Graph |
| KGCN | Knowledge Graph convolution Network |
| KOL | Key Opinion leaders |
| ML | Machine learning |
| PyG | Python Geometric |
| QA | Question Answer |
| RDBMS | Relational Database Management system |
| typeDB | Type database (Graph database) |
| typeQL | Type Query language (query language for typeDB) |
| USA | United states of America |

## CAPÍTULO 1

## INTRODUÇÃO

É muito importante que as empresas farmacêuticas compreendam, a partir dos profissionais de saúde (HCP) de um universo terapêutico, quem é suscetível de experimentar pela primeira vez e de prescrever mais, ou de agitar a sua marca num futuro próximo. Responder a estas questões e compreender melhor o panorama dinâmico dos profissionais de saúde são prioridades máximas para os decisores do sector farmacêutico, a fim de aumentar o crescimento e evitar o declínio das vendas. A capacidade de prever com precisão o comportamento dos profissionais de saúde e até mesmo dos pacientes ajuda a planear uma estratégia de marca vencedora e acionável que aproveita as oportunidades e minimiza os riscos desnecessários. Os médicos são pessoas inteligentes, apenas querem factos, números concretos e marketing racionalizado. O marketing para os médicos deve ser estratégico, tático e muito focado. O mais importante é que nem todos os médicos são tratados da mesma forma. O marketing farmacêutico é único para os seus clientes que são especialistas no seu domínio, não lidando com o cliente final que é o doente e a figura abaixo mostra as perspectivas de marketing. Os desafios acima referidos tornaram o problema mais complexo quando comparado com outros domínios.

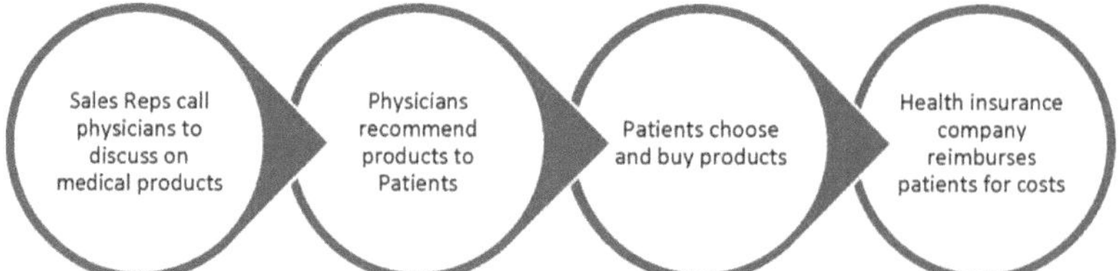


Figura 1: Ilustração da apresentação de produtos farmacêuticos ao cliente.

As empresas farmacêuticas procuram aumentar o volume e a qualidade do envolvimento dos prestadores de cuidados de saúde através de análises avançadas. Um pequeno passo para melhorar o processo de seleção é utilizar informações básicas sobre os profissionais de saúde (HCP), reclamações e dados de testes relevantes para criar grupos de HCP através de aprendizagem automática não supervisionada. Isto proporciona uma visão baseada em dados sobre quem é um profissional de saúde e como trata os doentes, pelo que as empresas farmacêuticas podem concentrar-se melhor e dar prioridade à estratégia de segmentação atual. O ponto importante a considerar é que os dados históricos são menos úteis após a pandemia.

Os algoritmos de aprendizagem profunda são pobres em extrapolação. As redes neuronais são tradicionalmente muito poderosas no regime de interpolação, mas são conhecidas por serem péssimas extrapoladoras e, por conseguinte, raciocinadoras inadequadas. Este facto exige uma nova abordagem que permita uma compreensão profunda do percurso do doente e dos padrões de prescrição.

## 1.1    Antecedentes do estudo

As doenças crónicas são definidas, em termos gerais, como doenças que duram um ano ou mais e requerem cuidados médicos contínuos ou limitam as actividades da vida diária ou ambas [1]. As doenças crónicas, como as doenças cardíacas, o cancro e a diabetes, são as principais causas de morte e incapacidade nos Estados Unidos [1]. As doenças cardiovasculares, também designadas por Doenças Cardiovasculares (DCV), listadas como a causa subjacente de morte, foram responsáveis por 874 613 mortes nos Estados Unidos em 2019 [2]. A DCV é um termo genérico que engloba várias doenças diferentes que afectam o coração e os vasos sanguíneos.

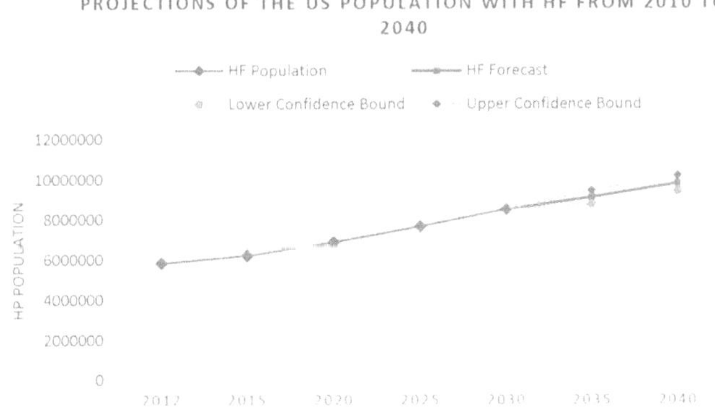


Figura 1.1: Projeção de doentes com insuficiência cardíaca nos EUA *[3]*

Aproximadamente a cada 40 segundos, alguém nos Estados Unidos da América (EUA) terá um infarto do miocárdio. Em média, em 2019, alguém morreu de AVC a cada 3 minutos e 30 segundos nos EUA. Cerca de 6,2 milhões de adultos nos Estados Unidos têm síndrome de IC [4]. Aproximadamente 550.000 novos casos são diagnosticados nos EUA todos os anos. Assim, o aumento do número de ataques cardíacos nos EUA leva a um aumento da procura de medicamentos cardiovasculares. À medida que a base de doentes cardiovasculares cresce, estão a ser criadas mais terapias medicamentosas novas para acompanhar a procura em expansão. Na última década, foram lançados no mercado inúmeros produtos farmacêuticos para as doenças cardiovasculares e, de acordo com a PhRMA [5], estão a ser efectuados ensaios clínicos com mais de 200 medicamentos. De acordo com a American Heart Association (AHA) e o American College of Cardiology (ACC), a insuficiência cardíaca é frequentemente uma doença progressiva e pode agravar-se com o tempo [6]. As fases da insuficiência cardíaca descrevem a necessidade de adicionar um novo medicamento ao plano de tratamento [6].

Cada doente requer um tratamento individual e especial. Os médicos de hoje estão mais ocupados do que nunca, o que torna muito difícil encontrá-los. Tornou-se mais importante para as empresas farmacêuticas personalizar os esforços de marketing ao nível dos profissionais de saúde. Por conseguinte, as vendas e o marketing só devem ser efectuados de acordo com as necessidades das pessoas. É importante salientar que nem todos os médicos são iguais, devido ao impacto que podem ter nas vendas. É necessário segmentar o nosso público-alvo e adaptar a mensagem aos médicos-alvo com base em múltiplos factores.

## 1.2  Declaração do problema

Infelizmente, a forma fácil de visar os profissionais de saúde não é a mais correcta na maioria das circunstâncias, acabando por diminuir as vendas e a adoção. As razões são as seguintes:

- Em primeiro lugar, a convicção de que o maior segmento de um mercado é o melhor e o mais rentável a perseguir. No entanto, se todos os produtos no mercado estão a perseguir o maior segmento desse mercado, então este segmento torna-se consequentemente o mais competitivo.
- A segunda razão pela qual a forma fácil de direcionar os profissionais de saúde nem sempre funciona é que, embora um profissional de saúde possa prescrever em grande volume, esse profissional de saúde pode não estar disposto a prescrever o nosso produto. Por exemplo, um profissional de saúde pode ser tão leal a um produto da concorrência que o esforço de vendas que o nosso representante de vendas teria de despender para converter o profissional de saúde faria com que esse profissional de saúde deixasse de ser rentável.

Devido à perturbação do mercado, os dados históricos tornaram-se menos úteis após a COVID-19 no mercado dos cuidados de saúde. O aumento do número de produtos farmacêuticos no mercado realça o facto de ser essencial descobrir o seu mercado endereçável. Identificar as preferências de prescrição tornou-se o maior desafio para as empresas farmacêuticas. O reconhecimento de padrões a partir das interacções humanas torna o sistema complexo e imprevisível. As abordagens centradas na aprendizagem automática lidam muitas vezes com associações que não se baseiam em previsões futuras.

## 1.3    Finalidade e objectivos

A segmentação constitui a espinha dorsal do marketing personalizado e é um passo importante na tradução da estratégia da marca em estratégias accionáveis. Um grupo potencial de clientes que recebe comunicações das empresas farmacêuticas através dos canais preferidos. A identificação da lista de alvos de HCP baseada em gráficos de conhecimento é estudada para a identificação precoce de doentes com DCV e oportunidades de mercado lucrativas para o sucesso comercial da organização farmacêutica. Este estudo abrangerá também a mudança dinâmica dos alvos com base nos potenciais doentes com insuficiência cardíaca, nos percursos dos doentes e no comportamento de escrita dos médicos, bem como na análise da concorrência no mercado.

A finalidade do estudo traduz-se nos seguintes objectivos:
- Compreender e construir uma lógica dedutiva que descreva o percurso do doente e que possa inferir novos conhecimentos a partir dos dados existentes do doente.
- Construir o modelo de transformador gráfico para a previsão da ligação médico-paciente para identificar os potenciais pacientes com insuficiência cardíaca
- Derivar as medidas de centralidade dos profissionais de saúde e dos doentes que podem dar uma ideia dos potenciais profissionais de saúde para uma marca
- A avaliação do desempenho é efectuada com base na verdade terrestre e em métricas como a precisão, a exatidão, a recordação e a pontuação F1.

## 1.4    Questões de investigação

As seguintes hipóteses são estudadas com a montagem experimental:
- Representação gráfica dos conceitos do domínio da força de vendas e previsão das probabilidades de uma pessoa desenvolver insuficiência cardíaca numa fase

precoce do seu aparecimento, o que reduz as taxas de mortalidade.

- A codificação dos conhecimentos empresariais sob a forma de lógica dedutiva na base de dados de conhecimentos para inferir conhecimentos que, de outra forma, estariam ocultos, pode melhorar a exatidão da identificação dos doentes.

## 1.5  Âmbito do estudo

O âmbito deste estudo inclui a forma inteligente de visar os profissionais de saúde (HCP) mais importantes para as vendas e quais os factores que influenciam os HCP a visar de novo em cada período de planeamento, de modo a ter continuamente em conta os HCP para a adoção de produtos, interpretáveis. Com que precisão podemos descobrir os profissionais de saúde-alvo a partir de dados heterogéneos de elevada dimensão. Os dados heterogéneos têm um contexto inerente significativo. É necessário que os modelos de aprendizagem automática compreendam este contexto e utilizem esta informação secundária mas crítica para melhorar a precisão e a versatilidade dos nossos modelos. Investigamos as técnicas de modelação do conhecimento que, aplicadas com as estratégias correctas de aprendizagem automática, nos dão uma abordagem promissora para tirar partido do valor dos dados heterogéneos em grandes modelos de conhecimento. O objetivo é criar um processo abstrato que codifique o conhecimento contextual que pode beneficiar qualquer método de aprendizagem automática, por exemplo, metodologias de aprendizagem em grafos como a Python geometric (PyG).

Os casos de utilização potenciais que não fazem parte deste estudo são a análise causal quantitativa, o sistema de controlo de qualidade baseado em gráficos de conhecimento que ajuda a responder a questões comerciais ad-hoc. Previsões da probabilidade de os doentes mudarem de terapia (classificação). Previsão de diagnósticos, que é um domínio emergente da medicina de precisão.

## 1.6  Importância do estudo

I ncorporar a tecnologia de gráficos de conhecimento integrada com a aprendizagem profunda traz semântica às organizações comerciais farmacêuticas, agiliza a identificação cuidadosa do mercado da marca, optimiza o risco das despesas de marketing e ajuda a planear e executar uma estratégia melhor, mais precisa e orientada para os dados, o que impulsiona o sucesso comercial da marca. Isto pode ser conseguido através da segmentação inteligente do seu universo terapêutico e da criação das listas de alvos correctas para a sua empresa, com base em dados em tempo real. A identificação precisa do público-alvo não só é dispendiosa e morosa, como também afecta diretamente a utilização eficaz do seu orçamento de marketing. A adoção da rede neural gráfica conduz a ganhos de desempenho significativos em muitos aspectos do HCP e do médico.

## 1.7    Estrutura do estudo

A dissertação está organizada da seguinte forma: O Capítulo 1 apresenta um enquadramento sobre as doenças crónicas, o seu impacto e os principais conceitos apresentados na dissertação. O Capítulo 2 apresenta uma revisão da literatura sobre a segmentação atual baseada em aprendizagem profunda para médicos, que é utilizada pelas equipas de marketing para personalizar as suas mensagens. O capítulo 3 apresenta os pormenores da metodologia proposta utilizando o gráfico de conhecimento. Como trazer o conhecimento do domínio e o contexto para que as máquinas possam compreender e gerar os conhecimentos de uma forma explicável. O capítulo 4 apresenta a implementação dos modelos de aprendizagem profunda baseados em grafos heterogéneos nos dados integrados para introduzir o elemento de contexto nas previsões de ligações. Como resultado da previsão de ligações, é possível identificar precocemente os doentes com DCV e os médicos associados para que as equipas de vendas dêem prioridade aos profissionais de saúde. Depois disso, a utilização iterativa do Graph studio pode ajudar a visualizar as previsões de ligações para obter informações sobre as previsões efectuadas. Os resultados são apresentados no Capítulo 5. O autor fornece uma avaliação do modelo construído utilizando vários modelos baseados em grafos heterogéneos utilizando estruturas de grafos construídas em Pytorch, PyG. Validou o desempenho do modelo utilizando a abordagem train-valid-test com um padrão de ouro. Por fim, o Capítulo 6 apresenta as recomendações para investigação futura sobre a formação dinâmica em linha, as conclusões e o trabalho futuro.

CAPÍTULO 2

REVISÃO DA LITERATURA

Neste capítulo, analisamos as mais recentes abordagens de aprendizagem profunda e abordagens baseadas em gráficos para a potencial identificação de doentes crónicos e análise de padrões de prescrição de HCP e segmentação de HCP, publicadas desde 2020 até ao final de 2022.

## 2.1 Introdução

A decisão de prescrever é um processo complexo que envolve vários factores [7]. Em muitos casos, as decisões dos médicos são multifactoriais. Os médicos podem adotar várias estratégias quando tomam decisões de prescrição e vários tipos de heurísticas críticas na condução das suas funções de tratamento dos doentes. Apesar das várias opiniões existentes na literatura sobre a tomada de decisões dos médicos, nenhuma das teorias consegue explicar por si só a decisão de prescrição de medicamentos por parte dos médicos e os factores com ela relacionados. Por conseguinte, têm sido utilizadas teorias complexas para compreender a forma como vários factores influenciam a tomada de decisões dos médicos em medicina geral. Este facto resultou na procura de mais investigação teórica para desenvolver melhores intervenções necessárias para alterar o comportamento dos médicos.

## 2.2 Antecedentes das redes neurais em grafo

As relações dentro e entre os dados permanecem em grande parte inexploradas. As incorporações de gráficos são uma nova tecnologia que aprende a estrutura dos seus dados ligados, revelando novas formas de resolver os problemas mais drásticos. Navegar nesta oportunidade e convertê-la em valor tangível para as empresas e os seus constituintes requer uma nova abordagem para a colaboração em toda a empresa. Os gráficos, muitas vezes designados por gráficos de conhecimento, podem partilhar dados sem problemas e revelar relações ocultas em vastas gamas de conjuntos de dados.

Os modelos de aprendizagem de representação do conhecimento baseados na factorização de grafos convencional têm muitos parâmetros, o que torna os modelos demasiado complexos para serem explicados e exige um grande custo computacional [8].

As GNNs são fortemente motivadas pelas Redes Neuronais Convolucionais (CNNs) e pela incorporação de grafos. As CNNs não são capazes de lidar com dados de grafos porque os nós nos grafos não são representados em qualquer ordem e porque a informação de dependência entre dois nós é representada por arestas. O número de camadas na GNN define o número de saltos de vizinhança a considerar como "Contexto". Este número de saltos é um hiperparâmetro importante. Por outro lado, um número demasiado elevado de camadas ou de saltos provoca uma suavização excessiva. As GNNs diferem das CNNs pelo facto de serem construídas para trabalhar com dados estruturados não-euclidianos.

## 2.3    Publicações de investigação relacionadas

Seguem-se os trabalhos de investigação relevantes para o estudo:

Este documento menciona a visão tradicional da modelação da aprendizagem automática para a previsão da IC. Sistema de previsão de doenças cardíacas para prever se o doente é suscetível de ser diagnosticado com uma doença cardíaca ou não, utilizando o historial médico do doente. regressão logística e KNN para prever e classificar o doente com doença cardíaca [9]. Mas o modelo de regressão logística tende a não compreender a inter-relação entre os registos. O modelo ML trata cada exemplo como um registo independente, o que não é o caso na realidade.

O artigo menciona a previsão de doenças cardíacas utilizando um modelo híbrido de aprendizagem automática. O estudo proposto utilizou o conjunto de dados de doenças cardíacas de Cleveland e foram utilizadas técnicas de extração de dados como a regressão e a classificação. São aplicadas as técnicas de aprendizagem automática Random Forest e Decision Tree. Na implementação, são utilizados 3 algoritmos de aprendizagem automática, a saber: 1. Random Forest, 2. Árvore de decisão e 3. Modelo híbrido (híbrido de floresta aleatória e árvore de decisão). Os resultados experimentais mostram um nível de precisão de 88,7% através do modelo de previsão de doenças cardíacas com o modelo híbrido [10]. O inconveniente deste sistema é que pode não ser genial devido à dimensionalidade dos grandes volumes de dados, o que prejudica as métricas de desempenho do modelo. O fator de explorabilidade é omitido porque o sistema lida com a vida dos doentes.

Outro documento, Scaling Usability of ML Analytics with Knowledge Graphs. A solução KG fornece anotação de características de ML sobre características brutas que podem ser convenientemente consultadas ao construir pipelines de ML. Trata-se de um passo no sentido de separar a generalidade das soluções de aprendizagem automática das especificidades dos dados, uma vez que as soluções de aprendizagem automática só precisam de interagir com a anotação das características de aprendizagem automática (que têm um âmbito limitado para o domínio da soldadura) e não com os nomes das características em bruto. Com a ajuda de KGs, a Bosch inicia a criação de um quadro comum de semântica a longo prazo para o ML na gestão, análise e comercialização de dados industriais [11]. Os documentos expressam a vantagem dos dados ligados e do quadro para todas as suas necessidades de dados.

Aprendizagem da semelhança dos doentes através da incorporação de gráficos de conhecimentos médicos heterogéneos. Para explorar os gráficos de conhecimento para a aprendizagem da semelhança entre pacientes, bem como para enfrentar os desafios acima referidos, é proposta uma estrutura denominada PSI, que consiste em duas partes: aprendizagem da semelhança entre pacientes e incorporação de gráficos de conhecimento médico heterogéneo. Na incorporação de gráficos de conhecimentos médicos heterogéneos, é construído um gráfico de conhecimentos heterogéneos de alta qualidade através da extração de entidades médicas de pacientes e da ligação entre as entidades. Em seguida, a PSI permite que um modelo de representação gráfica obtenha os vectores de incorporação de entidades. Desta forma, as incorporações de entidades preservam a informação das estruturas dos gráficos de conhecimentos médicos heterogéneos. Na aprendizagem da semelhança entre pacientes, empilhamos os conceitos médicos incorporados em matrizes de pacientes. Dadas as representações matriciais dos pacientes, adoptamos a CNN siamesa para encontrar os pacientes com características semelhantes [8].

Previsão de resultados de pacientes com aprendizagem de representação gráfica. LSTM-GNN para tarefas de previsão de resultados de doentes, como um modelo híbrido que combina redes de memória de curto prazo (LSTM) para extrair características temporais e redes neuronais de grafos (GNN) para extrair informações sobre a vizinhança dos doentes. Os resultados indicam que a exploração de informações de casos de doentes vizinhos utilizando redes neuronais gráficas é uma direção de investigação promissora, produzindo resultados tangíveis no desempenho da aprendizagem supervisionada com 85% de precisão em registos de saúde electrónicos [12].

## 2.4 Desafios em redes neurais de grafos e previsão de doentes

Uma das abordagens mais comuns consiste em analisar o histórico de prescrições do profissional de saúde, os dados demográficos dos doentes e a transação de pedidos de indemnização para a marca e o mercado, e determinar segmentos com base no comportamento de prescrições anteriores. Embora esta ainda seja uma abordagem válida e amplamente utilizada, faltam-lhe alguns elementos-chave, como o comportamento esperado no futuro e os factores que influenciam um comportamento diferente. As abordagens de ML carecem dos seguintes factores-chave:

### 2.4.1 Semântica

O processo de segmentação tem de estar alinhado com a estratégia da marca. Por esta razão, uma abordagem única não seria a correcta e a segmentação deve ser orientada por imperativos específicos da marca.

### 2.4.2 Robustez e estabilidade

Uma vez que o comportamento de uma HCP pode mudar gradualmente ao longo do tempo, a segmentação precisa de ser actualizada ciclicamente para se alinhar com as mudanças recentes. Um excelente método de segmentação não deve ser suscetível apenas a alguns dos factores subjacentes. Imagine como reagiria um representante de vendas se as tácticas para um tipo específico de promoção orientada pela força de vendas para um HCP mudassem drasticamente a cada trimestre.

### 2.4.3 Facilidade de compreensão

Quando o gestor da marca e a equipa de vendas conseguem alinhar-se intuitivamente com o método de segmentação, a motivação para utilizar a recomendação baseada no processo de segmentação será elevada.

### 2.4.4 Capacidade de ação

O processo de segmentação deve permitir tanto a tomada de decisões estratégicas como a conceção de tácticas accionáveis. Um método ideal não se limita a responder "este é o aspeto dos diferentes segmentos", mas também "isto é o que pode ser feito para cada segmento e subgrupos dentro do segmento".

## 2.5    Discussão

A esparsidade centrou-se principalmente nos estudos anteriores e ignora a relação entre as entidades. Alguns dos estudos centraram-se nos principais avanços recentes no sentido de aumentar a integridade dos dados utilizando bases de dados de grafos. A análise da semelhança dos doentes é efectuada com os grafos incorporados de forma não supervisionada. Os modelos de representação do conhecimento são dispendiosos e ineficazes em termos de cálculo, o que causa problemas de escalabilidade. A segmentação de HCP utilizando a técnica de incorporação, identifica microaglomerados e factores semelhantes, o que lhes permite obter uma visão mais clara do seu alvo.

## 2.6    Resumo

A revolução centrada nos dados coloca os dados no centro da empresa. As aplicações são visitantes opcionais dos dados. No mercado biofarmacêutico hipercompetitivo de hoje, os comportamentos de prescrição estão a mudar rapidamente, em sintonia com os acontecimentos de ritmo acelerado e em movimento no mercado. O autor investigou uma variedade de fontes de informação e fundamentou as explicações para as previsões. A literatura de diferentes domínios tem sido estudada pela sua abordagem à resolução de problemas. O autor identificou a lacuna de trazer o conhecimento do domínio que pode ser codificado manualmente como regras e resolver o problema de identificação de pacientes, traduzindo-o num problema de aprendizagem supervisionada.

# CAPÍTULO 3

## METODOLOGIA DE INVESTIGAÇÃO

Para uma análise mais avançada do direcionamento dos HCP, o Knowledge Graph (KG) ajuda a compreender melhor as relações na rede entre todos os HCP. Os KG captam informações sobre entidades de interesse e estabelecem ligações entre elas. Os gráficos podem ser homogéneos, o que significa que os nós representam um único tipo de entidade (por exemplo, médico) e as arestas representam um único tipo de relação (por exemplo, afiliado a). Ou podem ser heterogéneos, o que significa que integram vários tipos de relações entre diferentes entidades, como médicos, doentes, procedimentos médicos, diagnósticos ligados por prescrições e planos de seguro, ou um gráfico de conhecimento de medicamentos, doenças, agentes farmacêuticos e percursos de doentes ligados por relações como promoções e adesões. Os nós estão frequentemente associados a características dos dados, por exemplo, o nó Medicamento tem atributos/características como a dosagem do medicamento, a forma do medicamento, o fabricante do medicamento. Do mesmo modo, o médico tem informações demográficas como a idade, o género, as habilitações literárias, os anos de serviço, etc,

## 3.1　Introdução

O gráfico de conhecimento é um conjunto de dados interligados enriquecido com semântica para que possamos raciocinar sobre os dados subjacentes e utilizá-los para a tomada de decisões complexas.

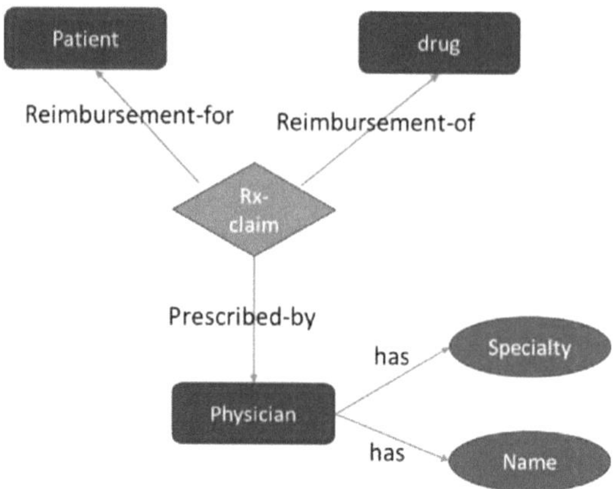


Figura 3.1: Exemplo de interação de informação heterogénea

Os gráficos de conhecimento provêm das tecnologias da Web semântica. Trazem a explicabilidade de um contexto rico para a interpretação empresarial.

**Contexto**: A ontologia desempenha um papel vital na estruturação dos dados dos grafos. Os grafos de conhecimento são grafos directos que fornecem uma semântica rica aos algoritmos através da integração de vários tipos de informação. Os grafos de conhecimento permitem aos programadores utilizar vários tipos de dados brutos para os integrar no grafo e obter novos conhecimentos.

**Explicabilidade**: Os resultados do modelo não são suficientes para responder a quê, mas também são necessários para responder a como. Os gráficos de conhecimento são intrinsecamente explicáveis e é possível fazer uma justificação.

Integração de múltiplas fontes de dados não estruturados e semi-estruturados provenientes de uma variedade de fontes para sintetizar e deduzir informações significativas, incorporando a visão da pirâmide de dados, informação, conhecimento e sabedoria (DIKW).

O problema fundamental da aprendizagem automática consiste em encontrar um preditor f(x) de um resultado Y com base num resultado X. Como forma de aprendizagem automática, a aprendizagem profunda treina um modelo com base em dados para fazer previsões, mas distingue-se pelo facto de passar as características aprendidas dos dados através de diferentes camadas de abstração. Os dados em bruto são introduzidos no nível inferior e o resultado pretendido é produzido no nível superior, que é o resultado da aprendizagem através de muitos níveis de dados transformados. A aprendizagem profunda é hierárquica no sentido em que, em cada camada, o algoritmo extrai características em factores, e os factores de um nível mais profundo tornam-se as características do nível seguinte.

## 3.2    Metodologia de investigação

A metodologia descreve a progressão para passar da aprendizagem sobre dados de tabelas planas e não contextuais para a aprendizagem sobre conhecimentos fundamentados e contextuais. Para aprender com base em conhecimentos fundamentados, é necessário aprender sobre um gráfico de conhecimentos.

Esta abordagem tem duas partes, nomeadamente,

1.  construção de gráficos de conhecimento.
2.  Construção de modelos de aprendizagem automática.

### 3.2.1    Construção de gráficos de conhecimento

O gráfico de conhecimentos é, na sua essência, um sistema baseado em conhecimentos que consiste em dois componentes:

#### 3.2.1.1    Base de dados de conhecimentos

Base de dados de grafos que representam dados heterogéneos e altamente interligados, agregados a partir de várias fontes, e que podem descrever com precisão a sua estrutura semântica sob a forma de uma ontologia

#### 3.2.1.2    Raciocinador

Um motor que pode efetuar uma lógica dedutiva sobre a base de dados de conhecimentos para inferir conhecimentos que de outra forma estariam ocultos.

A figura ilustra o processo de construção do gráfico de conhecimento sobre os dados da relação.

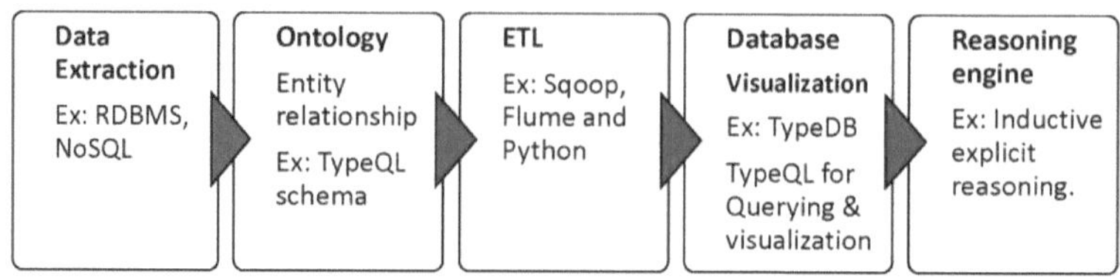


Figura 3.2.1.2: Processo de construção do gráfico de conhecimento

### 3.2.1.3 Extração de dados

O processo de extração de dados inclui a identificação das fontes de dados relevantes e discussões com as várias equipas comerciais, bem como a compreensão das fontes de dados de forma compressiva. A base de dados gráfica tem flexibilidade para integrar tanto dados estruturados como não estruturados. O pré-requisito para a modelação de dados é uma compreensão mais profunda das fontes de dados e das relações entre elas. Uma vez que os dados num gráfico de conhecimentos provêm de várias fontes, os dados conterão muitos tipos de entidades, relações e atributos. A complexidade das interacções tem de ser cuidadosamente modelada na etapa seguinte da modelação de dados.

### 3.2.1.4 Ontologia

A ontologia pode ser interpretada como o esquema da base de dados de grafos. É uma forma de modelar o domínio Os grafos de conhecimento são constituídos por entidades e relações. A modelação de diferentes entidades e tipos de relações exige uma base de dados fortemente "tipada" que possa representar nativamente dados com um elevado grau de complexidade. As principais etapas envolvidas na criação de uma ontologia são as seguintes

- Escolher as principais classes ou entidades.
- Identificar os tipos de relações
- Determinar que atributos pertencem a que entidades

As ontologias são flexíveis à mudança, caso contrário é um processo de um só tipo. A figura seguinte mostra as hiractides conceptuais utilizadas para modelar fontes de dados heterogéneas.

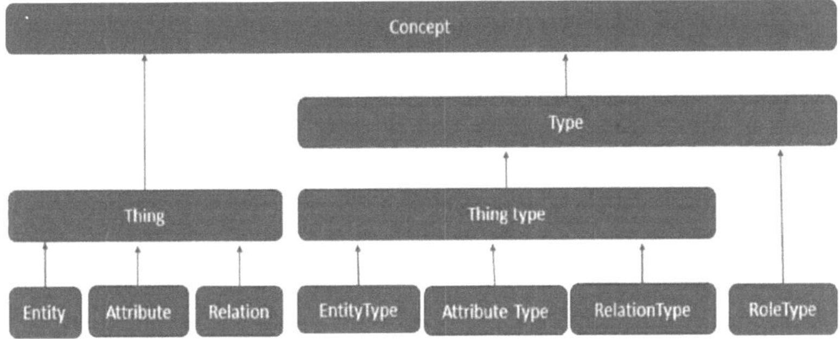


Figura 3.2.1.4: Arquitetura concetual

**Type** refere-se a um tipo de conceito tal como definido no esquema.

**Thing** refere-se a uma instância de dados que é uma instanciação de um tipo de conceito.

As ontologias não só asseguram as ligações entre as fontes de dados como também impõem restrições através da sua topologia. Ex: Grafo direcionado.

### 3.2.1.5    ETL (Extract Transform Load)

ETL é o processo em que uma ferramenta ETL extrai os dados de vários sistemas de fonte de dados, transforma-os e, finalmente, carrega-os na base de dados gráfica de acordo com o esquema concebido na etapa anterior. A ETL deve ser uma função que lê um ficheiro (por exemplo, num formato tabular) e constrói uma função de modelo para gerar a consulta de inserção. Com poderosas ferramentas ETL de grafos, todo o processo de extração de tabelas e chaves externas, transformando-as em nós e relações, e carregando esses elementos numa base de dados de grafos é mais simples do que parece

### 3.2.1.6    Visualização da base de dados

A TypeDB (A Graph Database) é um novo tipo de base de dados, que utiliza sistemas de tipos para o ajudar a decompor problemas complexos em sistemas lógicos e significativos. Garante a integridade e a segurança dos dados, ao mesmo tempo que permite inferências ao nível dos dados dentro da própria base de dados. Com os avanços nas tecnologias de grafos, é fácil consultar e compreender visualmente a ligação entre as entidades do mundo real.

### 3.2.1.7    Motor de raciocínio

Esta é uma propriedade única para raciocinar sobre os dados através de regras definidas no esquema. Estas regras permitem inferir novos conhecimentos a partir dos dados existentes. Por outras palavras, o raciocínio indutivo é a utilização de provas para propor uma teoria. Estas regras são aplicadas no momento da consulta. O raciocínio baseia-se no contexto dos dados. Isto é necessário para saber automaticamente em que circunstâncias particulares se pode inferir um novo facto. É assim que o conhecimento do domínio deve ser codificado na base de dados, o que pode acrescentar valor nas tarefas a jusante

### 3.2.2    Criação de modelos de aprendizagem automática

O próximo passo é construir o aprendiz em cima dos dados, do contexto e do conhecimento inferido. Consultar o subgrafo de interesse a partir da base de dados e convertê-lo num objeto gráfico NetworkX. Os problemas de aprendizagem automática baseados em grafos são classificados em:

- Nível do nó
- Nível de relação (Link)
- Nível do gráfico

A biblioteca mais notável no espaço de ML de grafos é a PyTorch Geometric, que tem implementações para uma vasta gama de algoritmos de aprendizagem de grafos publicados, muitos deles baseados na passagem de mensagens. Aqui, o subgrafo é obtido através de uma consulta à base de dados e convertido em gráficos NetworkX para funcionar com as bibliotecas python. Podemos pensar em cada subgrafo como equivalente a um exemplo ou amostra na configuração tradicional de ML. Estas amostras são utilizadas diretamente para prever a ligação entre o médico e o doente de interesse. O diagrama abaixo apresenta um passo geral para a execução do projeto Graph ML.

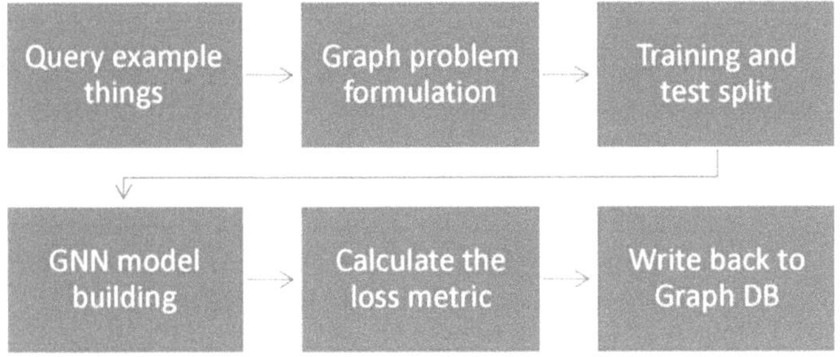


Figura 3.2.2: Fluxo de trabalho da execução de um projeto de ML baseado em gráficos

### 3.2.2.1 Exemplo de consulta de coisas

Escreva consultas que possam extrair o subgrafo relevante pronto para ser dividido em conjuntos de dados de treino, validação e teste. Esta etapa requer a especificação de consultas que irão obter conceitos da base de dados. As respostas destas consultas são fundidas num gráfico NetworkX na memória ou dirigidas a um objeto PyG.

### 3.2.2.2 Converter em gráficos NetworkX

NetowrkX, modelo simplificado que capta todas as entidades, relações e atributos e trata os papéis e tem arestas no respetivo gráfico codificado.

### 3.2.2.3 Formulação de problemas gráficos

A previsão de ligações é a tarefa de prever novas ligações entre duas entidades, nomeadamente o doente e o médico. Neste caso, estamos preocupados com domínios em que a previsão de ligações é altamente dependente do contexto que as liga.

### 3.2.2.4 Formação e teste dividido

Para cada tipo de relação, divida as relações entre a mensagem de formação, as arestas de supervisão da formação, a validação e as arestas de teste. Faça isto para todos os tipos de relação e, finalmente, junte todas as arestas de mensagens. Dividimos de forma independente cada tipo de relação separadamente. Espera-se que as arestas de supervisão sejam treinadas através da utilização de outras ligações de treino. Crie uma extremidade negativa ao perturbar a extremidade de supervisão.

### 3.2.2.5 Construção do modelo GNN

Cada nó e aresta contém informações diferentes. Assim, um único tensor de características de um nó ou de uma aresta não pode conter todas as características de um nó ou de uma aresta de todo o grafo, devido às diferenças de tipo e de dimensionalidade. Como consequência da diferente estrutura de dados, a formulação de passagem de mensagens muda em conformidade, permitindo o cálculo da mensagem e da função de atualização condicionada ao tipo de nó ou de aresta.

Os grafos heterogéneos lidam com vários tipos de nós e tipos de arestas.
O grafo heterogéneo é um quadrupolo. Cada nó é identificado por um "tipo" e cada aresta é identificada por um "tipo". O grafo heterogéneo é definido como

$$G = (V,E,R,T)$$

- Nodes with node types $v_i \in V$
- Edges with relation types $(v_i, r, v_j) \in E$
- Node type $T(v_i)$
- Relation type $r \in R$

A rede convolucional de grafos (GCN) utiliza geralmente um tipo de nó e um tipo de aresta. Foi alargada para tratar vários tipos de relações.

### 3.2.2.6    Calcular as métricas de perda

A entropia cruzada é amplamente utilizada como uma função de perda na otimização de modelos de classificação. O problema é tratado como um problema de previsão supervisionada de ligações e ligações correspondentes a patirnt- physician rx-claim. A perda de entropia cruzada, ou perda de log, mede o desempenho de um modelo de classificação cujo resultado é um valor de probabilidade entre 0 e 1. A perda de entropia cruzada aumenta à medida que a probabilidade prevista diverge do rótulo real. O modelo inteiro é treinado de ponta a ponta, minimizando a função de perda.

### 3.2.2.7    Escrever de volta na base de dados do gráfico

Uma vez executado o modelo no conjunto de dados de teste, obtemos as previsões. As ligações previstas entre o tipo de entidade "doente" e o "médico" devem ser escritas na base de dados. Por conseguinte, as métricas da rede, tais como a centralidade do grau, são calculadas para cada médico e classificadas para serem direccionadas.

### 3.3 Método proposto

As redes neuronais em grafo são uma classe especial de redes neuronais que podem trabalhar com dados representados em forma de grafo. O diagrama seguinte mostra a arquitetura do sistema da solução proposta. Esta metodologia aborda os esforços necessários para juntar as tabelas, tentando traduzi-las numa única tabela, ou seja, numa matriz n-dimensional que pode ser alimentada por um pipeline de ML. O trabalho de integração de dados é efectuado com ETL (Kafka), pipeline de fluxo contínuo ou uma forma de armazenar grandes volumes de dados que armazena dados expressivos e armazena relações de acordo com o esquema.

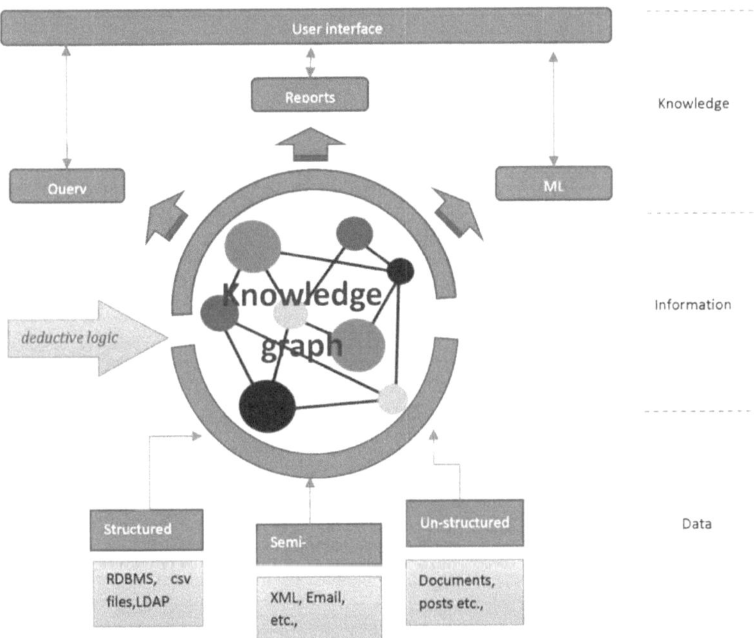



Os algoritmos podem ser aplicados diretamente sobre o grafo sem aplanar a estrutura. Assim, mantêm todo o contexto que os exemplos têm no grafo e aprendem diretamente com ele. O algoritmo, na sua essência, utiliza a passagem de mensagens que transmite sinais entre os elementos do grafo e, enquanto o faz, actualiza o estado de cada nó e aresta. No final de, digamos, 50 iterações, testamos e dizemos se a representação de um determinado nó indica que deve ser classificado como classe A ou classe B. Da mesma forma, para a previsão de ligações.

Podem ser gerados relatórios periódicos ou estatísticas descritivas, como o número de pacientes que mudam de terapia, o volume de cada prescritor mensalmente, etc., que devem ser fornecidos na IU como um painel de controlo

## 3.4 Resumo

O capítulo 3 cobre a metodologia proposta que traz uma representação de conhecimento compreensível por máquina de entidades do mundo real. A abordagem global abrange a conceção do ecossistema para a maioria das actividades comerciais da organização farmacêutica que são modeladas utilizando algoritmos de aprendizagem profunda baseados em KG.

# CAPÍTULO 4

## ANÁLISE / IMPLEMENTAÇÃO

Implementamos o nosso programa utilizando a linguagem de programação python com a ajuda de bibliotecas como typedb e pyg. A biblioteca typedb-ml é utilizada para enviar a chamada API para o servidor typedb e para extrair os subgráficos. A biblioteca PyG é utilizada para construir os modelos de aprendizagem profunda topo de gama.

## 4.1    Descrição dos dados

Foram consideradas várias fontes de dados para efetuar o processo de construção do gráfico de conhecimento.

A elevada granularidade dos dados permite uma análise mais rigorosa, pelo que todos os dados recolhidos são o mais granulares possível.

Quadro 4.1: Lista de fontes de dados e descrição

| S. Não | Nome da fonte de dados | Descrição dos dados |
|---|---|---|
| 1 | Dados de sinistros | Estes dados abrangem os dados das transacções de prescrição médica ao nível do doente. Cada transação de prescrição médica consiste no médico e na identificação anónima do doente, juntamente com a identificação do medicamento, a quantidade, a linha terapêutica, a identificação do pedido, etc, |
| 2 | Dados de procedimentos médicos | Estes dados abrangem a informação sobre a transação do procedimento médico ao nível do doente. A transação do procedimento consiste na descrição do procedimento, na data e no autor da prescrição. |
| 3 | Dados escavados | O produto médico (medicamento) é identificado com um número de identificação único que representa a dosagem, a forma farmacêutica, o tamanho da embalagem e o fabricante do produto. Os dados relativos ao medicamento são constituídos por todas as informações acima referidas num quadro dimensional. |
| 4 | Dados de acesso ao mercado | Estes dados abrangem o nível de acesso do médico aos produtos da marca. Indica quem tem acesso ao produto médico do nosso interesse. |

| S. Não | Nome da fonte de dados | Descrição dos dados |
|---|---|---|
| 5 | Dados de filiação | Informações sobre a rede hospitalar que abrangem os médicos e o seu local de trabalho e o tipo de organização com que o HCP está a trabalhar. Ex: hospital empresarial, hospital de visita e pormenores de localização. |
| 6 | Amostra de dados de promoção | Os representantes de vendas promovem a sua marca de várias formas. Fornecer amostras para experimentar nos seus pacientes também faz parte da actividades promocionais. Qual a quantidade oferecida e a data e hora dos respectivos representantes? |
| 7 | Chamada promocional | Dados transaccionais sobre as visitas físicas e virtuais. Os dados consistem na intenção da chamada, carimbo de data/hora, objetivo principal e secundário, tipo de chamada, método de chamada, etc, |
| 8 | Dados do plano de seguro | Os dados consistem no plano de seguro do doente, como a identificação do plano, o modo de pagamento, o nome do pagador, o tipo de plano, o processador PBM (Pharmacy Benefit Manager), a entidade contratual, etc, |
| 9 | Dados do representante médico | Informações demográficas do representante farmacêutico ou do representante médico, como a identificação do representante, o território, o nome e o apelido da força de campo, o grupo da força de campo, o estatuto, etc, |
| 10 | Dados de diagnóstico | Estes dados abrangem as informações da transação de diagnóstico ao nível do doente. A transação consiste na identificação do diagnóstico, no carimbo de data/hora, na identificação do médico, no medicamento anterior, na marca ecoup, no tipo de pedido e no estado do pedido. |
| 11 | Dados demográficos dos HCP | Estes dados abrangem as informações demográficas sobre o médico, como a idade, o sexo, a especialidade, o grau, o género, o ano de serviço, a cidade, o estado, etc, |
| 12 | Dados dos doentes | inclui dados estruturados, tais como informações básicas do doente, incluindo dados demográficos, habitat e resultados de análises laboratoriais; o conjunto de dados exclui os dados pessoais do doente, tais como nome, identificação e localização, para preservar a sua privacidade. |
| 13 | Almoço e aprendizagem | Abrange a identificação do médico, a identificação do representante, a identificação do evento, a data de início do evento, o estado do evento, o local do evento e o grupo de tipo de evento. Estes dados captaram outro tipo de dados de promoção. |

## 4.2    Amostragem de dados

O conjunto de dados utilizado nesta experiência é objeto de uma amostragem aleatória estratificada. O conjunto de dados consiste amplamente em grupos de médicos de cuidados primários (PCP) e cardiologistas (CARDS). O último período de dois anos (2020 a 2022) de dados é extraído das fontes de dados tidas em consideração. Foram aplicados vários filtros para qualificar os médicos que estão activos nos últimos dois anos e que redigem um número mínimo de prescrições.

## 4.3 Descrição do modelo de dados

Esta secção descreve a identificação das principais entidades nos dados, tais como médico, doente, plano de seguro, hospital da empresa, procedimento médico, etc. A tecnologia escolhida para o estudo experimental é a TypeDB. Trata-se de uma base de dados de fonte aberta, distribuída e fortemente tipada, com um sistema de "tipos" lógicos. O TypeDB oferece uma linguagem de consulta para construir uma ontologia que se adapta a dados tabulares. A imagem seguinte mostra a definição do esquema para o médico e as suas funções em vários tipos de relações da base de dados.

```
person sub entity;
physician sub person,
    owns provider-id,
    owns mdm-party-id,
    owns speciality-code,
    owns degree,
    owns no-mktg-flag,
    owns gender,
    owns yop,

# relations
    plays events-ll:attendee,
    plays rx-claim:prescribed-by,
    plays diagnosis-claim:prescribed-by,
    plays procedure-claim:prescribed-by,
    plays sample-promo:received,
    plays call-promo:to,
    plays affiliation:affiliates,
    plays npp:promo-given,
    plays mkt-access:access,
    plays site:in,
    plays rx-entresto:entresto-prescrition,
    plays predicted-ent-rx-claim:entresto-prescrition;
```

Figura 4.3 (a): Código de amostra do modelo de dados

O autor construiu o modelo de conhecimento (esquema) utilizando TypeQL após discussões e auditorias rigorosas dos dados. O esquema TypeDB é flexível para adicionar, remover e modificar o esquema até que a ontologia cumpra os aspectos de completude e correção. O modelo de dados (Ontologia) pode ser visualizado num diagrama entidade-relação com representação em retângulo (nó ou entidade ou classe), diamante (relação) e círculos (atributos). Além disso, os tipos de arestas também contêm os nomes das funções, como mostra a figura abaixo:

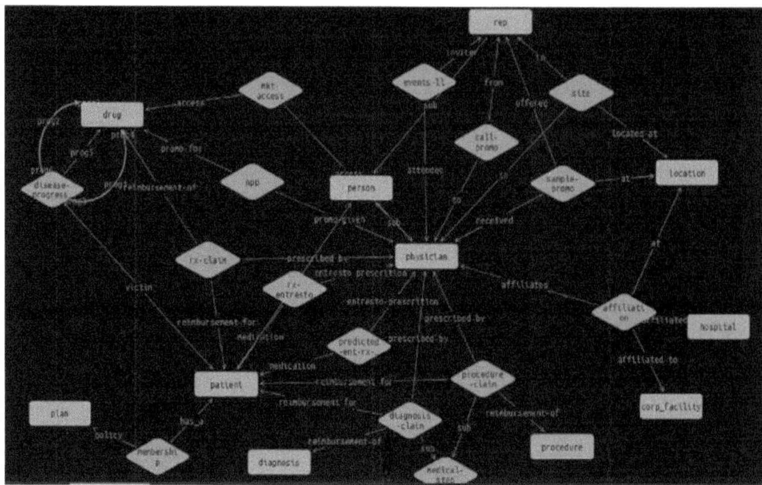

Figura 4.3 (b): Diagrama esquemático de entidades e tipos de relacionamento

## 4.4 Preparação de dados

As fontes de dados são quase sempre tabulares. Os dados recolhidos são posteriormente processados com o objetivo de tratar os valores em falta das colunas relevantes e efetuar a imputação ou removê-los ou modificá-los para melhorar a qualidade dos conjuntos de dados globais. A etapa de pré-processamento também elimina as vírgulas, as pontuações e os espaços em branco. A seleção cuidadosa de atributos, tais como colunas na tabela, é fundamental para a construção do KG e para as actividades a jusante. São utilizadas várias fontes da mesma informação para minimizar a percentagem de valores em falta (quando aplicável). A abordagem proposta elimina a etapa de pré-processamento dos dados e utiliza completamente a informação contida nos dados em bruto. As etapas acima referidas são necessárias para as etapas de análise exploratória dos dados, garantindo uma qualidade global essencial para que as informações obtidas sejam significativas e válidas. Os dados são carregados na base de dados utilizando a API python. O TypeDB é flexível para adicionar novas fontes de dados do tipo estruturado, semi-estruturado ou não estruturado.

## 4.5 Raciocínio indutivo

A ideia importante que o TypeDB traz para o panorama das bases de dados é a "inferência". Permite utilizar regras para introduzir na base de dados o conhecimento do domínio das consequências. Uma regra é uma lógica dedutiva incorporada na base de dados. Os novos factos são inferidos por regras. Se uma regra representa a lógica dedutiva, a inferência de regras é o processo de inferir novas informações de acordo com a lógica dedutiva codificada sob a forma de regras.

```
define
rule diag-diag-trans:
when {
    $p isa patient;
    $d1 isa diagnosis;
    $d2 isa diagnosis;
    $proc isa procedure;

    $r1($p, $d1) isa diagnosis-claim;
    $r2($p, $d2) isa diagnosis-claim;
    $r3($p, $proc) isa procedure-claim;
    $r4($p, $drug) isa rx-claim;
    $drug isa drug, has brand-generic-flag "Brand";
    $r1 has fill-date $dt1;
    $r2 has fill-date $dt2;

    $dt1 < $dt2;
    $dt2 < $dt3;
    not {$d1 is $d2;};

} then {
    (prog:$p, prog1:$d1,prog2:$d2, prog3:$proc, prog4:$drug) isa disease-progression;
};
```

Figura 2.5: Regra para criar a progressão da doença com base no diagnóstico quando se muda para uma nova marca.

Ao aplicar uma regra a factos previamente inferidos por qualquer outra regra (incluindo ela própria), surgirão naturalmente comportamentos de interação complexos.

## 4.6 Implementação do modelo

Os grafos heterogéneos podem modelar sistemas complexos. É flexível para captar conhecimentos semânticos ricos. A figura abaixo mostra a arquitetura do Transformador de Grafos Heterogéneos (HGT). Dado um exemplo ou um sub-grafo, o HGT extrai todos os pares de nós ligados, em que o nó de destino *"T"* está ligado ao nó de origem *"S"* através da aresta *"e"*.

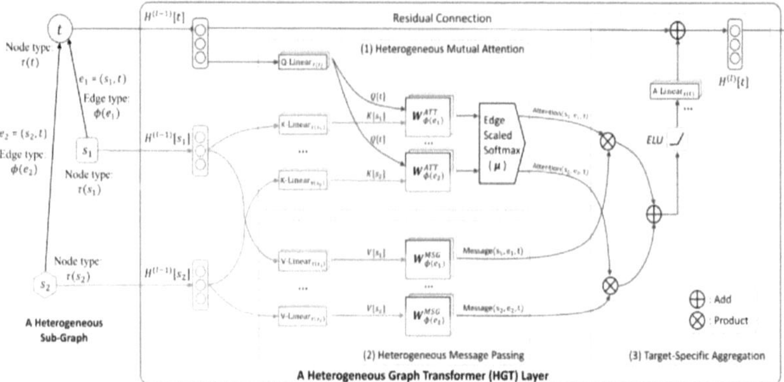

Figura 3.6: A Arquitetura Geral do Transformador de Grafos Heterogéneo *[13]*

O objetivo da HGT é agregar informação dos nós de origem para obter uma representação contextualizada do nó alvo "t" [13]. Esse processo é dividido em três componentes:

- Atenção mútua heterogénea
- Passagem de mensagens heterogéneas e,
- Agregação específica do alvo

O HGT gera uma representação altamente contextualizada $H^{(L)}$ para cada nó, que pode ser introduzida em qualquer modelo para realizar tarefas de rede heterogénea a jusante, como a classificação de nós e a previsão de ligações. Rede de Tensores Neurais. Depois de obter as representações dos nós de médicos e pacientes a partir do HGT, usamos uma Rede Tensorial Neural (NTN) para obter a probabilidade de cada par médico-paciente estar ligado [13].

Estão disponíveis os seguintes algoritmos para trabalhar com redes de grafos heterogéneas.

- HEAT, o gráfico heterogéneo com borda melhorada para atenção
- HAN, a Atenção ao Grafo Heterogéneo
- HGT, o Transformador de Grafos Heterogéneo

A nossa solução utiliza a rede Heterogeneous Graph Transformer para a previsão de ligações.

## 4.7 Segmentação

Os Embeddings de grafos heterogéneos são representações de baixa dimensão dos nós do grafo que englobam várias propriedades estruturais, como vizinhanças e estrutura da comunidade. As ligações previstas entre o tipo de entidade "paciente" e o "médico" devem ser reescritas na base de dados. Utilizando a funcionalidade networkx do typedb-ml, extrair os nós (médicos) de interesse e calcular as métricas da rede, como a centralidade do grau, e ordená-los por ordem decrescente. A medida de centralidade é tratada como uma classificação (inversa da métrica de centralidade) para os direcionar. Por outro lado, a identificação precoce dos doentes susceptíveis de adoptarem a marca farmacêutica ajuda a equipa de serviços de especificação do doente (PSS) a envolvê-los na monitorização da doença, na prevenção ou na redução dos níveis de gravidade dos doentes com insuficiência cardíaca.

## 4.8 Critérios de avaliação

Nesta secção, avaliamos a metodologia proposta, começando com o gráfico de conhecimentos que é construído de raiz e validado com PME no domínio dos dados. Na previsão de relações, o objetivo é prever as relações que aparecerão no futuro de uma rede em evolução. Para validar o desempenho do nosso modelo, o autor divide cada tipo de relação entre a mensagem de formação, as arestas de supervisão da formação, as arestas de validação e as arestas de teste e, por fim, funde todas as arestas das mensagens. Espera-se que as arestas de supervisão sejam treinadas através da utilização de outras ligações de treino. Crie uma extremidade negativa ao perturbar a extremidade de supervisão. Segue-se a definição da função de perda:

$$\text{Loss} = -\frac{1}{\substack{\text{output} \\ \text{size}}} \sum_{i=1}^{\substack{\text{output} \\ \text{size}}} y_i \cdot \log \hat{y}_i + (1 - y_i) \cdot \log (1 - \hat{y}_i)$$

Avalie o desempenho do modelo utilizando as seguintes métricas: Precisão, recuperação, pontuação F1 e exatidão. Esta abordagem é capaz de efetuar previsões de ligações em todas as ligações válidas possíveis nos dados.

## 4.9 Requisitos do sistema

O estudo necessita dos seguintes recursos de hardware e software ao longo da implementação.

| Requisitos do sistema | |
|---|---|
| Sistema operativo | janelas/2016 |
| RAM | 64 GB |
| Memória da CPU | 16 GB |
| vCPUs | 8 CPUs |
| Tipo de instância AWS | p3.2xgrande |
| Número de nós | 1 |

Tabela 4.9: Requisitos do sistema

## 4.10 Requisitos de software

- Base de dados de gráficos: TypeDB (2.10.2)

(Tecnologia de ponta no espaço do gráfico de conhecimento com modelo de conhecimento personalizado)

- Gerenciador de pacotes: Anaconda. Python mais recente 3.8
- Código VS com extensão TypeQL
- Janelas do Type Studio (2.5.0)

## 4.11 As bibliotecas Python incluem

- Processamento de dados: pandas, NumPy, json
- Manipulação de dados com TypeDB: typedb-client
- Modelação: pytorch, sklearn, PyG, typedb-ml
- Visualização: NetworkX, pytorch-tensorboard

# CAPÍTULO 5

## RESULTADOS E AVALIAÇÃO

Nesta secção, o autor discute os resultados experimentais obtidos a partir do capítulo 4. Discute também os algoritmos e as métricas de desempenho do modelo associado.

## 5.1  Resultados experimentais

A dimensão da amostra de dados selecionada é de 1815.790 doentes e a idade média é de 69 anos. Para os parâmetros de treino, o autor utilizou os hiper-parâmetros óptimos, tais como a taxa de aprendizagem = 0,005, o decaimento do peso = 0,001, o optimizador Adam, o tamanho da codificação do tipo = 16 e o tamanho da codificação do atributo = 16. Com estes parâmetros, o autor treinou o HGT durante 50 épocas no gráfico de conhecimento personalizado construído. A Precisão e a Recuperação do melhor modelo (HGT) que prevê potenciais pacientes para terapia são 0,81 e 0,94, respetivamente. A tabela seguinte mostra o desempenho dos outros modelos. O HGT tem um desempenho superior ao dos outros dois modelos, pelo que o modelo HGT é utilizado para a previsão de ligações.

Tabela 5.1: Métricas de desempenho do modelo

| Modelo | Perda | Precisão | Recall | Pontuação F1 |
|--------|-------|----------|--------|--------------|
| **CALOR** | 0.41 | 0.70 | 0.88 | 0.779747 |
| **HAN** | 0.34 | 0.82 | 0.89 | 0.848118 |
| **HGT** | 0.32 | 0.81 | 0.94 | 0.870171 |

## 5.2  Análise e visualização

Seguir os chats ajuda a perceber melhor o modelo.

Figura 5.2(a): Gráfico de dispersão precisão Vs. recuperação

A figura mostra as métricas de precisão e de recuperação dos algoritmos de grafos heterogéneos nos dados de teste.

Figura 4.2(b): Pontuações de desempenho do modelo nos dados de teste

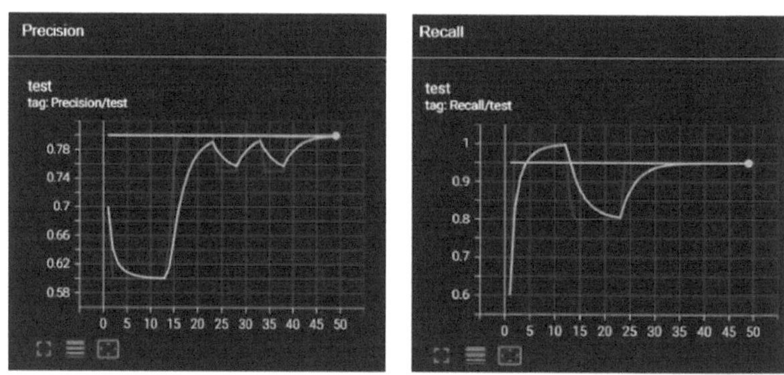


Figura 5.3(c) Métrica de exatidão nos dados de treino, válidos e de teste

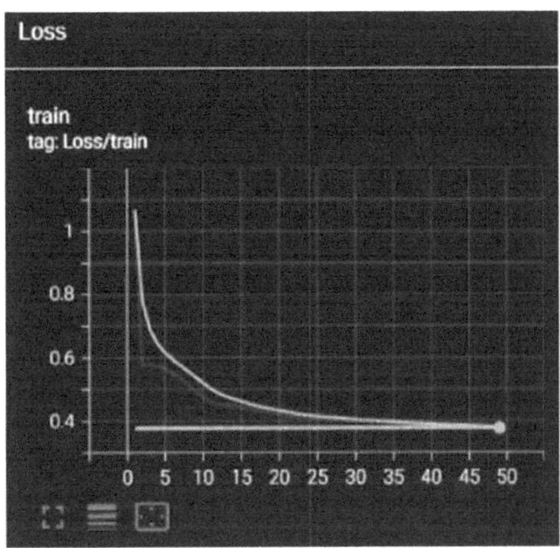


Figura 5.4(c): Métrica de perda ao longo do número de épocas

## 5.3    Vantagens e limitações

Os algoritmos de ML podem ter um melhor desempenho se puderem incorporar conhecimentos do domínio. Alargar a rede neural para comparar os embeddings de cada Roleplayer e classificar o emparelhamento de acordo com a existência ou não de uma relação. As incorporações de gráficos de conhecimento são universalmente úteis para realizar outras tarefas de aprendizagem automática ou de ciência de dados a jusante. A sua utilidade reside no facto de armazenarem o contexto de um conceito no grafo como um vetor numérico. Estes vectores são fáceis de ingerir noutros pipelines de ML. A vantagem de construir embeddings de uso geral é, portanto, utilizá-los em vários outros pipelines. A vantagem de criar estas incorporações é, portanto, poder utilizá-las em vários outros casos de utilização. Isto reduz a despesa de percorrer o gráfico de conhecimentos, uma vez que esta tarefa pode ser efectuada uma vez e o resultado reutilizado mais do que uma vez. A limitação da solução baseada em grafos é a capacidade de computação disponível e o custo incorrido para adquirir o motor de computação.

## 5.4    Resumo

Este capítulo apresenta uma abordagem personalizada de aprendizagem automática baseada em gráficos de conhecimento que aborda vários casos de utilização com uma única fonte de verdade. Neste estudo experimental, tenta-se utilizar plenamente a maior parte dos dados de granuladores para a tomada de decisões empresariais. O método aqui proposto conseguiu obter bons resultados (precisão 0,81 e recuperação 0,94). Além disso, o algoritmo proposto elimina o esforço humano na rotulagem ou anotação de dados e na engenharia manual de características. Em vez disso, a base de dados permite codificar regras comerciais ou de domínio na base de dados, de modo a que, ao consultar o subgráfico, o conhecimento inferido a partir das regras possa ser tido em consideração. O inconveniente desta abordagem é o esforço inicial para configurar os pipelines e a criação de ontologias, que são trabalhosos, lentos e demorados para obter um progresso significativo.

# CAPÍTULO 6

## CONCLUSÕES E RECOMENDAÇÕES

Nos capítulos 4 e 5, apresentámos uma estrutura de aprendizagem profunda baseada em grafos para automatizar a segregação de HCP e a identificação precoce de doentes. Além disso, investigámos a eficácia do desempenho da aprendizagem profunda adicionando diferentes vizinhanças ao consultar o grafo. Esta abordagem obteve bons resultados, mas requer um conjunto de máquinas para adicionar dinamicamente mais contexto à entidade de interesse, como o doente e o médico. A construção de gráficos de conhecimentos com base em ontologias é muito útil e flexível para se adaptar à utilização de dados estruturados e não estruturados.

## 6.1    Introdução

Os dados relativos aos cuidados de saúde são significativamente afectados após a covid e a abordagem proposta utiliza a representação localizada (agregação de vizinhança) centrada na existência de um ponto de dados. Assim, os KG embeddings trazem a relação ao nível da relação, ao nível da entidade e ao nível da estrutura do grafo. Neste estudo, o nosso objetivo foi eliminar a limitação da extrapolação da aprendizagem profunda e os resultados mostram uma melhor precisão com a vizinhança incremental adicionada à entidade de interesse. Os pontos elaborativos são discutidos na secção seguinte.

## 6.2    Discussão e conclusão

Os dados deste estudo sugerem que a técnica de representação do conhecimento baseada na aprendizagem profunda iterativa aqui apresentada é muito mais exacta do que outros algoritmos convencionais de aprendizagem automática e do que os modelos de grafos mais avançados. No entanto, o método aqui proposto teve um tempo estimado de aproximadamente 10-15 minutos e observou um aumento de 2,1% na exatidão global em relação ao HAT. Devido aos desafios de computação, a experiência é efectuada com pequenas amostras de dados.

## 6.3    Principais contributos/contribuição para o conhecimento

No capítulo 4, são propostos transformadores de grafos heterogéneos que utilizam diferentes tipos de informação de vizinhança para representar uma entidade(s) orientada(s) por um método de aprendizagem profunda para segmentar os HCP em escritores altos e baixos. Este método é a primeira aplicação de aprendizagem profunda baseada em gráficos de conhecimento para a equipa de marketing e força de vendas da indústria farmacêutica para a tomada de decisões com grande precisão. A verdade fundamental para este método foi gerada a partir das ligações existentes entre pacientes e médicos. Ecossistema baseado em gráficos de conhecimento que pode servir múltiplos casos de utilização, como o mapeamento de líderes de opinião, a rotulagem do HCP, a mudança de terapia por parte de potenciais doentes, a mudança da marca de preferência por parte dos médicos, etc. A vantagem desta abordagem é apenas consultar a base de dados de gráficos, onde a interconexão entre os registos já está disponível, e construir a consulta com base no caso de utilização. As previsões podem ser explicáveis e a análise detalhada dos factores das previsões não é efectuada na configuração experimental.

## 6.4    Recomendações futuras

A lógica de dedução sobre o gráfico que representa o percurso do doente e o percurso do diagnóstico (abrange a sequência de procedimentos médicos a que o doente foi submetido por ordem cronológica) é progressivamente adicionada aos dados de treino. Desta forma, seleccionámos o algoritmo mais promissor. No final, obtivemos os resultados da previsão de ligações e obtivemos 37% de precisão no primeiro ensaio, 67,15% de exatidão nos três primeiros ensaios e 87,65% de pontuação F1 nos ensaios finais. Também observámos que, apesar de o algoritmo não conseguir encontrar a resposta exacta, faz previsões na categoria correcta de informação.

Esta investigação não abrange o aspeto temporal da evolução do grafo. Esta metodologia é aplicável quando as fontes de dados se encontram em silos e necessitam de previsões fiáveis, o que significa que as previsões podem ser explicadas para interpretação.

A medicina de precisão e o diagnóstico de precisão são uma tendência no domínio farmacêutico. A medicação certa para o paciente certo na hora certa também é chamada de atendimento personalizado. A abordagem proposta é um grande trunfo para as organizações farmacêuticas identificarem diagnósticos adequados e relevantes com base no percurso médico do paciente e no bio-marcador para recomendar a medicina de precisão. Deste modo, eliminam-se despesas indesejadas e melhoram-se os cuidados de saúde

**REFERÊNCIAS**

[1]     Centros de Controlo e Prevenção de Doenças, "cdc gov," Centro Nacional de Doenças CrónicasM1 Prevenção e Promoção da Saúde, 21 7 2022. [Online]. Disponível:
[https://www.cdc.gov/chronicdisease/about/index.htm#:~:text=Chronic%20diseases%20are%20defined%20broadly,disability%20in%20the%20United%20States...
[Acedido em 1 7 2022].

[2]     American Heart Association, "2022 Heart Disease and Stroke Statistics Update Fact Sheet," American Heart Association, EUA, 2022.

[3]     Paul A. Heidenreich, MD, MS, FAHA, Presidente, Nancy M. Albert, PhD, RN, FAHA, Larry A. Allen, MD, MHS, David A. Bluemke, MD, PhD, FAHA, Javed Butler, MD, MPH, FAHA, Gregg C.

[4]     Fonarow, MD, FAHA, John S. Ikonomidis, MD, PhD, FRCS(C), FAHA, Olga Khavjou, MA, Marv, "National Library of Medicine," 24 de abril de 2013. [Online]. Disponível: https://www.ncbi.nlm.nih.gov/pmc/articles/PMC3908895/. [Acedido em 1 de agosto de 2022].

[5]     H. D. a. S. S. -. 2. Atualização, "Professional Health Daily", 26 1 2022. [Online]. Disponível:   https://professional.heart.org/en/science-news/heart-disease-and-stroke-statistics-2022- update. [Acedido em janeiro de 2022].

[6]     Brent Walker, "patient bond", 2 de março de 2008. [Online]. Disponível: https://www.patientbond.com/blog/how-pharmaceutical-companies-can-benefit-from-heart- health-programs. [Acedido em 2 2008].

[7]     Beckerman, James, "webMD", 12 de março de 2022. [Online]. Disponível: https://www.webmd.com/heart-disease/heart-failure/heart-failure-treatment-by-stage. [Acedido em 12 de março de 2022].

[8]     Mohsen Ali , Murshid e Zurina Mohaidin, "PubMed Central," 30 de janeiro de 2017.                               [Online].                               Disponível: https://www.ncbi.nlm.nih.gov/pmc/articles/PMC5499356/#B4. [Acedido em 1 de julho de 2022].

[9]     Zhihuang Lin, Dan Yang, Hua Jiang, Hang Yin, "IAENG", Lin, Z., Yang, D , Jiang, H. e Yin, H., 2021. Aprendendo a similaridade do paciente por meio da incorporação de gráficos de conhecimento médico heterogêneo, 1 [8] dezembro de 2021. [Online]. Disponivel:        http://www.laeng.org/IJCS/issues_v48/issue_4/IJCS_48_4_03.pdf. [Acessado em 1 de dezembro de 2021].

[10]    Harshit Jindal, Sarthak Agrawal, Rishabh Khera1, Rachna Jain e Preeti Nagrath, "Heart disease prediction using machine learning algorithms", EUA, 2021.

[11]    M. Kavitha; G. Gnaneswar; R. Dinesh; Y. Rohith Sai; R. Sai Suraj, "Heart Disease Prediction using Hybrid machine Learning Model," *3rd IEEE International Conference on Recent Trends in Electronics, Information & Communication Technology (RTEICT),* Vols. M. Kavitha, G. [10] Gnaneswar, R. Dinesh, Y. R. Sai e R. S. Suraj, "Previsão de doenças cardíacas usando modelo de aprendizado de máquina híbrido", 2021 6ª Conferência Internacional sobre Tecnologias de Computação Inventiva (ICICT), 2021, pp. 1329-1333, doi: 10.1109 / ICICT50816.2, no. ICICT, pp. 13291333, janeiro de 2021.

[12]    D. Z. Baifan Zhou, "Scaling Usability of ML Analytics with Knowledge Graphs: Exemplified with A Bosch Welding Case", ACM Digital library, china, 2021.

[13]    Emma Rocheteau, "Predicting Patient Outcomes with Graph", 11 de janeiro de 2021. [Online]. Disponível: Predicting Patient Outcomes with Graph. [Acedido em 1 de janeiro de 2021].

[14]    Ziniu Hu, Yuxiao Dong, Kuansan Wang, Yizhou Sun, "arxiv", 3 de março de 2020. [Online]. Disponível: https://arxiv.org/abs/2003.01332. [Acedido em 1 de março de 2020].

[15]    M. A. M. a. Z. Mohaidin, "national library of medicine," [Em linha]. Disponível: https://www.ncbi.nlm.nih.gOv/pmc/articles/PMC5499356/#B4.

[16]    F. B. A. J. T. C. L. C. Sumit Pai, "Unsupervised Customer Segmentation with Knowledge    Graph    Embeddings,"    2021.    [Online].    Disponível: https://www2022.thewebconf.org/PaperFiles/39.pdf.

[17]    Centros de Controlo e Prevenção de Doenças, "cdc gov," Centro Nacional de Doenças Crónicas₍₁₎ Prevenção e Promoção da Saúde, 21 7 2022. [Online]. Disponível: https://www.cdc.gov/chronicdisease/about/index.htm#:~:text=Chronic%20diseases% 20are%20defined%20broadly,disability%20in%20the%20United%20States... [Acedido em 1 7 2022].

[18]    I. American Heart Association, "2022 Heart Disease and Stroke Statistics Update Fact Sheet", American Heart Association, EUA, 2022.

[19]    Paul A. Heidenreich, MD, MS, FAHA, Presidente, Nancy M. Albert, PhD, RN, FAHA, Larry A. Allen, MD, MHS, David A. Bluemke, MD, PhD, FAHA, Javed Butler, MD, MPH, FAHA, Gregg C.

[20]    Fonarow, MD, FAHA, John S. Ikonomidis, MD, PhD, FRCS(C), FAHA, Olga Khavjou, MA, Marv, "National Library of Medicine," 24 de abril de 2013. [Online]. Disponível: https://www.ncbi.nlm.nih.gov/pmc/articles/PMC3908895/. [Acedido em 1 de agosto de 2022].

[21]    H. D. a. S. S. -. 2. Atualização, "Professional Health Daily", 26 1 2022. [Online]. Disponível:    https://professional.heart.org/en/science-news/heart-disease-and-stroke-statistics-2022- update. [Acedido em janeiro de 2022].

[22]    Brent Walker, "patient bond", 2 de março de 2008. [Online]. Disponível: https://www.patientbond.com/blog/how-pharmaceutical-companies-can-benefit-from-heart- health-programs. [Acedido em 2 2008].

[23]    Beckerman, James, "webMD", 12 de março de 2022. [Online]. Disponível: https://www.webmd.com/heart-disease/heart-failure/heart-failure-treatment-by-stage. [Acedido em 12 de março de 2022].

[24]    Mohsen Ali , Murshid e Zurina Mohaidin, "PubMed Central," 30 de janeiro de 2017.    [Online].    Disponível: https://www.ncbi.nlm.nih.gov/pmc/articles/PMC5499356/#B4. [Acedido em 1 de julho de 2022].

[25]    Zhihuang Lin, Dan Yang, Hua Jiang, Hang Yin, "IAENG", Lin, Z., Yang, D., Jiang, H. e Yin, H., 2021. Aprendendo a similaridade do paciente por meio do gráfico de conhecimento médico heterogêneo Embedding., 1 de dezembro de 2021. [Online].

Disponível:        http://www.iaeng.org/IJCS/issues_v48/issue_4/IJCS_48_4_03.pdf.
[Acessado em 1 de dezembro de 2021].

[26]    Harshit Jindal, Sarthak Agrawal, Rishabh Khera1, Rachna Jain e Preeti Nagrath, "Heart[] disease prediction using machine learning algorithms", EUA, 2021.

[27]    M. Kavitha; G. Gnaneswar; R. Dinesh; Y. Rohith Sai; R. Sai Suraj, "Heart Disease Prediction using Hybrid machine Learning Model," *3rd IEEE International Conference on Recent Trends in Electronics, Information & Communication Technology (RTEICT),* Vols. M. Kavitha, G.

[28]    Gnaneswar, R. Dinesh, Y. R. Sai e R. S. Suraj, "Previsão de doença cardíaca usando modelo de aprendizado de máquina híbrido", 2021 6ª Conferência Internacional sobre Tecnologias de Computação Inventiva (ICICT), 2021, pp. 1329-1333, doi: 10.1109 / ICICT50816.2, no. ICICT, pp. 1329-1333, janeiro de 2021.

[29]    D. Z. Baifan Zhou, "Scaling Usability of ML Analytics with Knowledge Graphs: Exemplified [] with A Bosch Welding Case", ACM Digital library, china, 2021.

[30]    Emma Rocheteau, "Predicting Patient Outcomes with Graph", 11 de janeiro de 2021. [Online]. [] Disponível: Predicting Patient Outcomes with Graph. [Acedido em 1 de janeiro de 2021].

[31]    Ziniu Hu, Yuxiao Dong, Kuansan Wang, Yizhou Sun, "arxiv", 3 de março de 2020. [Online]. [13] Disponível: https://arxiv.org/abs/2003.01332. [Acedido em 1 de março de 2020].

[32]    M. A. M. a. Z. Mohaidin, "national library of medicine," [Em linha]. Disponível:[] https://www.ncbi.nlm.nih.gov/pmc/articles/PMC5499356/#B4.

[33]    F. B. A. J. T. C. L. C. Sumit Pai, "Unsupervised Customer Segmentation with Knowledge    Graph    Embeddings,"    2021.    [Online].    Disponível: https://www2022.thewebconf.org/PaperFiles/39.pdf.

# APÊNDICE A: PROPOSTA DE INVESTIGAÇÃO

As equipas comerciais da indústria farmacêutica enfrentam desafios únicos quando se trata de envolver os profissionais de saúde (HCP). A complexidade do mercado atual enfatiza a necessidade de abordagens orientadas para a precisão no direcionamento dos profissionais de saúde. Cada doente requer um tratamento individual e especial. Por conseguinte, as vendas e o marketing só devem ser efectuados em função das necessidades das pessoas. Infelizmente, a forma fácil de visar os profissionais de saúde não é a forma correcta na maioria das circunstâncias e acaba por diminuir as vendas e a adoção. É essencial identificar e ativar os profissionais de saúde de elevado valor e descobrir de forma inovadora o seu mercado-alvo utilizando abordagens avançadas de IA. O desafio aqui é que o domínio comercial da indústria farmacêutica é complexo, dinâmico, em evolução e os seus resultados emergentes são imprevisíveis devido a diferentes eventos, comportamentos de prescrição, redes de influência, promoção, envolvimento digital e características temporais envolvidas. A complexidade da criação de conhecimentos explodiu com o número crescente de pacientes, medicamentos e fontes heterogéneas de informação.

# I want morebooks!

Buy your books fast and straightforward online - at one of world's fastest growing online book stores! Environmentally sound due to Print-on-Demand technologies.

Buy your books online at
**www.morebooks.shop**

Compre os seus livros mais rápido e diretamente na internet, em uma das livrarias on-line com o maior crescimento no mundo! Produção que protege o meio ambiente através das tecnologias de impressão sob demanda.

Compre os seus livros on-line em
**www.morebooks.shop**

Printed by Books on Demand GmbH, Norderstedt / Germany